分配队伍

请帮这些扑克牌士兵分配队伍，点数加起来等于十的扑克牌士兵要在同一队，哪两个扑克牌士兵会在同一队呢？请你连连看。

太空旅行

阿宝哥要带着奇奇和小问去太空旅行。小朋友,我们也跟着一起去吧!

池塘里的青蛙

请在大图中找出下面三种图案的青蛙，数一数，各有几只？将数字填入方框内。

积木配对

上面的积木造型是由下面哪堆积木搭成的？请用线把它们连起来。

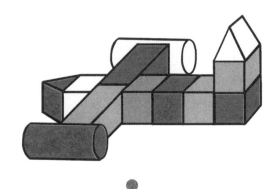

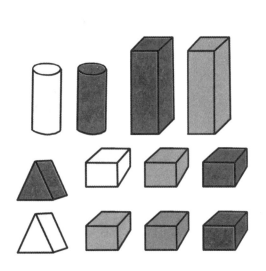

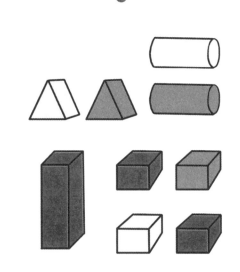

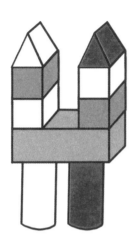

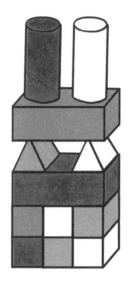

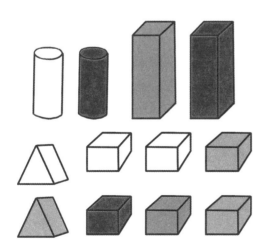

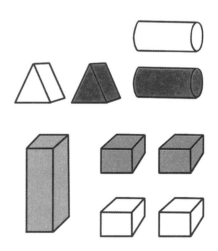

排一排

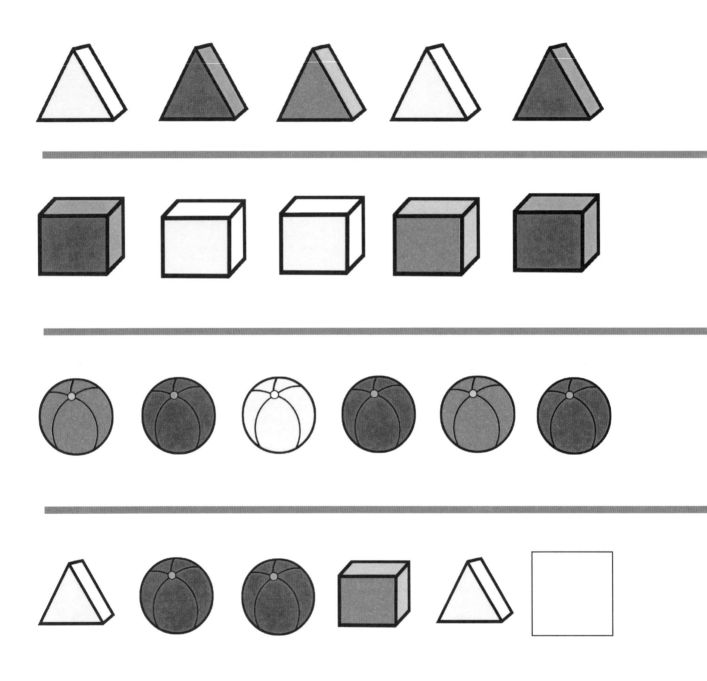

每一排图形都有一定的排列顺序，想想看，框内的图形应该是哪一个。请在右侧把正确的图形圈出来。

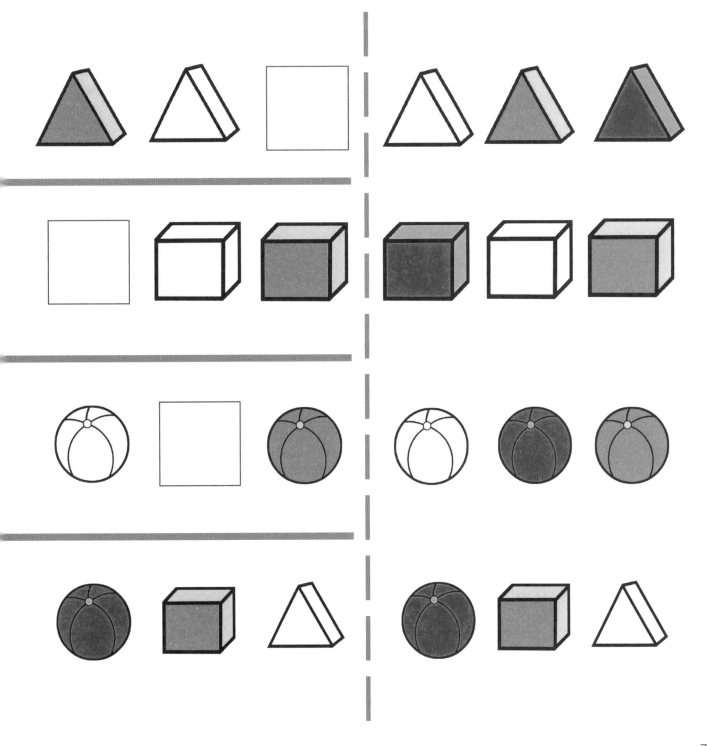

上山摘苹果

小猴波西要上山去摘苹果，它要怎么走，才能避开人、怪兽和陷阱呢？请帮它画出路线吧！

扑克牌士兵

最下面的四个扑克牌士兵，排队时忘了自己排在哪里。小朋友，请你把它们对应的数字填到方框内，引导它们回到队伍当中。

露营

动物们正在露营，数数看，一共有几只动物？数完之后，请在图中圈出河马。

乌龟

看，图片中有很多只乌龟，请数一数它们的数量，再数一数有多少只乌龟叠在一起。

总共有 ☐ 只乌龟。

叠在一起的乌龟有 ☐ 只。

分成两半

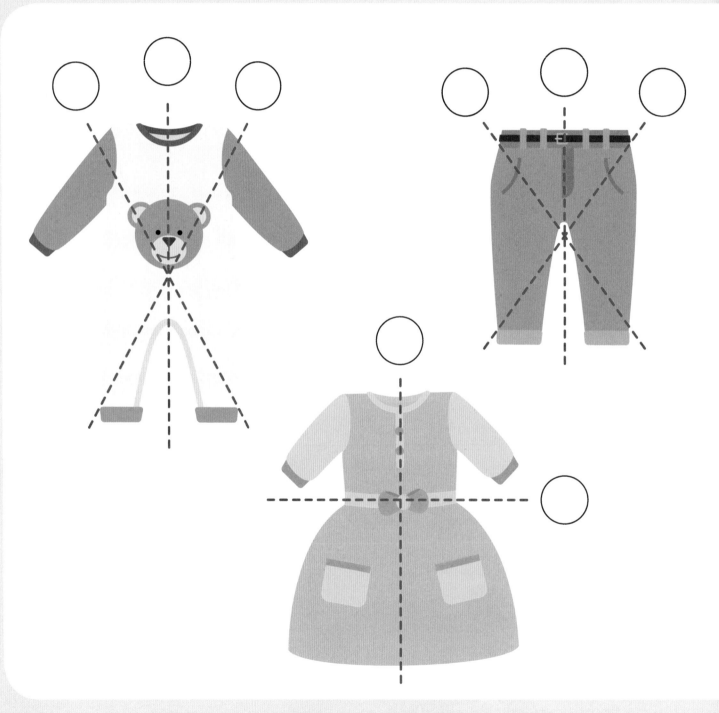

哪一条线画下去，会把衣服分成相对称的两半呢？请在那条线对应的圆圈中打钩。

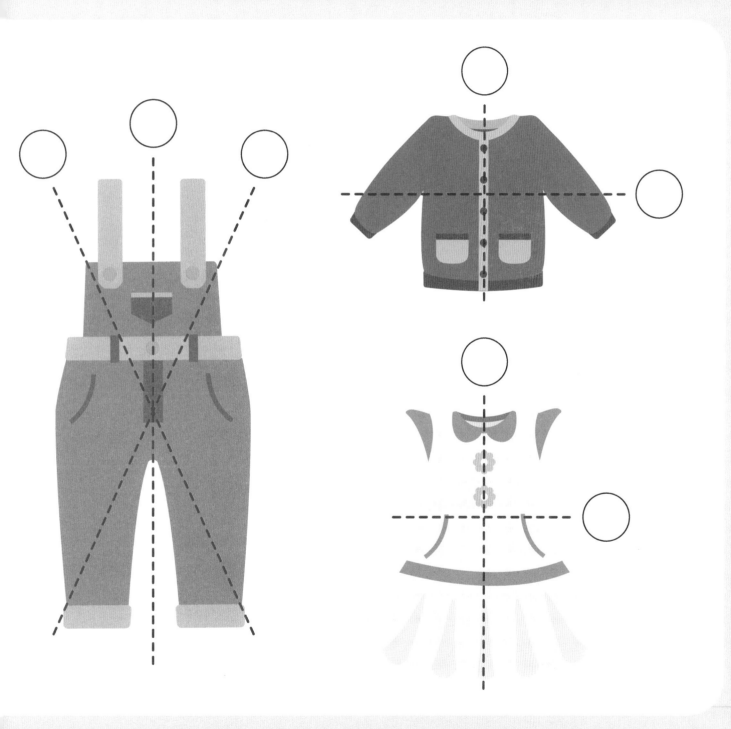

小松鼠庆生会

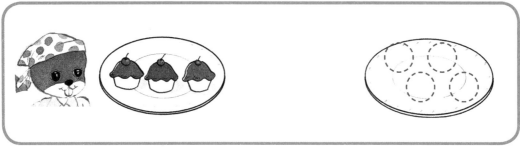

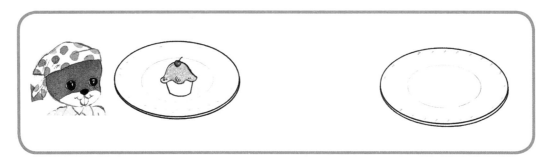

小松鼠过生日。松鼠妈妈要准备四种口味的蛋糕，每种口味的蛋糕各七个。请问松鼠妈妈已经准备了多少个蛋糕，每种口味还少几个？请在空盘子上画圈圈表示出缺少的数量。

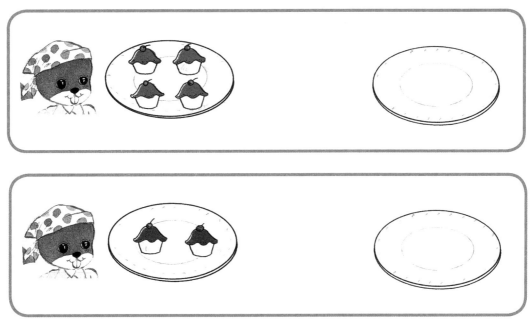

比比谁最高

你知道猴子、乌龟、老鼠，哪种动物的身高最高吗？请数一数它们身边叠起来的书本数量，数量最多的，就是最高的。

兔子、鸭子和老鼠，哪种动物身高最高？请数一数它们身体盖住的瓷砖数，就知道谁最高了。

长颈鹿、大象和老虎各拿着一支竹竿，你知道谁最高吗？请数数竹竿有几节，就知道了。

　　企鹅、小熊和长颈鹿正躺在地上休息，你知道谁最高吗？请数一数它们的身体盖住的瓷砖数，就知道了。

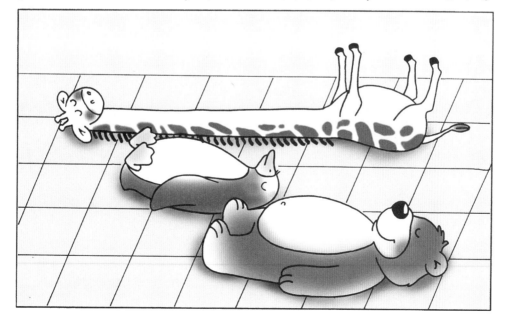

晴天娃娃

这里挂着五串晴天娃娃，每一串应该挂十个。请把每一串缺少的晴天娃娃的数量填写在方框里。

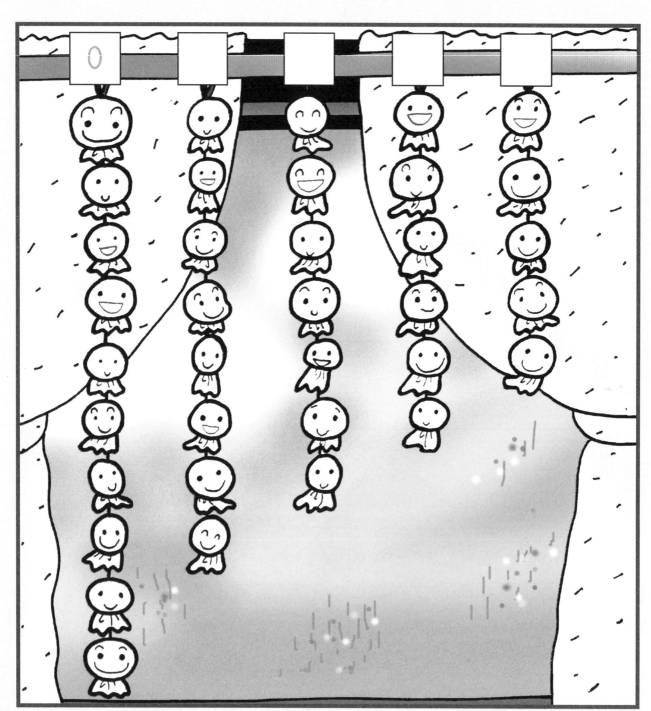

应该排什么

仔细观察下列三组图片，然后想想空白处应该排哪张图片，并在空白处填上正确的图片编号。

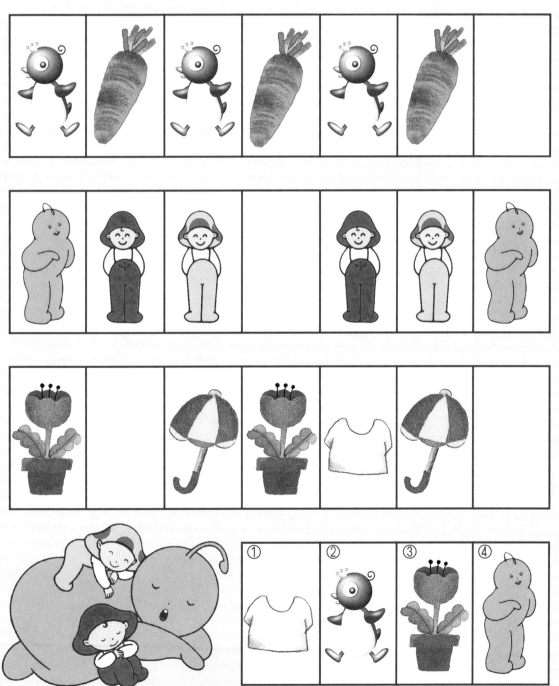

生日大餐

元元的生日餐中都有哪些食物呢？请数数看，并在左下角表格里填上每种食物的数量。

圣诞老人

从北方来的圣诞老人身穿红袍，戴着大红帽，坐着由驯鹿拉的雪橇，还带了一大包的礼物。可是从其他地区来的圣诞老人，样子就不一样了。请数一数，图中有几个圣诞老人，并把他们圈起来。

热闹的农场

农场里有好多动物。请数数看，四条腿的动物有几只，两条腿的动物有几只，把答案写在方框里。此外，你知道哪一种动物能为我们提供牛奶吗？请把这种动物圈出来。

四条腿的动物有 ☐ 只。

两条腿的动物有 ☐ 只。

好多积木在玩游戏，你能圈出图中的圆柱体吗？

29

海底世界

欢乐的海底世界里生活着很多小动物。请你在下图中数数右侧框内这几种图形的数量，并把数字写在空白处。

摘苹果

猴子去摘苹果，它该怎么走，才能摘到所有的苹果呢？记得走过的路不能再走。

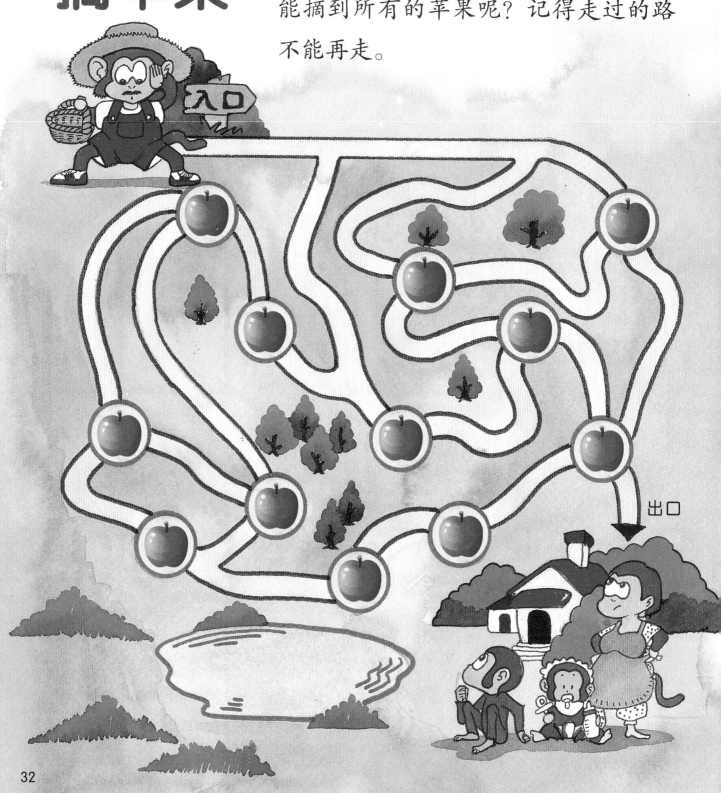

吃蛋糕

小猪想和大家分蛋糕，请你帮它分吧！

蚂蚁排队

蚂蚁要在广场上唱歌，队长说必须十只排成一队。数数看，哪两组排在一起，正好是十只蚂蚁呢？请用线把这两组蚂蚁连起来。

数字桥

为了寻找宝藏，小熊需要经过一座数字桥。它需要按照数字从小到大的顺序经过，否则就会掉到水里。请你帮帮小熊吧！

数数看

数数看，左页中不同颜色的正方形、三角形、圆形、长方形各有几个？加起来又有几个？请将数字填在表格中。

				合计
◻				
△				
◯				
▭				

找图片

下面四组图中，哪一组是和时间先后顺序没关系的图？
请找出来，并在圆圈中打钩。

○

○

○